பயனுள்ள ஆன்ட்ராய்ட் செயலிகள்

I0402142

இரா.நவீன்குமார்

Copyright © R.naveenkumar
All Rights Reserved.

ISBN 978-1-68509-158-3

This book has been published with all efforts taken to make the material error-free after the consent of the author. However, the author and the publisher do not assume and hereby disclaim any liability to any party for any loss, damage, or disruption caused by errors or omissions, whether such errors or omissions result from negligence, accident, or any other cause.

While every effort has been made to avoid any mistake or omission, this publication is being sold on the condition and understanding that neither the author nor the publishers or printers would be liable in any manner to any person by reason of any mistake or omission in this publication or for any action taken or omitted to be taken or advice rendered or accepted on the basis of this work. For any defect in printing or binding the publishers will be liable only to replace the defective copy by another copy of this work then available.

பொருளடக்கம்

முன்னுரை	v
முகவுரை	vii
1. கூகுள் நிறுவனத்தின் பயனுள்ள செயலிகள்:	1
2. பயனுள்ள சோசியல் மீடியா செயலிகள்	8
3. பயனுள்ள கால்குலேட்டர் செயலிகள்	13
4. பயனுள்ள காலண்டர் செயலிகள்	21
5. ஆன்லைன் பரிவர்த்தனை செய்ய உதவும் செயலிகள்	25
6. All-in-one பயனுள்ள செயலிகள்	26
7. பயனுள்ள எடிட்டிங் செயலிகள்	28
8. மாணவர்களுக்கான பயனுள்ள செயலிகள்	30
9. தொழிலுக்குப் பயன்படும் பொதுவான செயலிகள்	34
10. திறன்களை மேம்படுத்த உதவும் செயலிகள்	37
11. விவசாயிகளுக்கான பயனுள்ள செயலிகள்	40
12. ஆரோக்கியம் சார்ந்த பயனுள்ள செயலிகள்	43
13. பெண்களுக்கான பயனுள்ள செயலிகள்	45
14. வீட்டிலிருந்தே பணம் சம்பாதிக்க உதவும் செயலிகள்	48
15. பயனுள்ள பொழுதுபோக்கு செயலிகள்	51
16. பயனுள்ள பிற செயலிகள்	53

முன்னுரை

அனைவருக்கும் வணக்கம். பயனுள்ள ஆண்ட்ராய்ட் செயலிகள் என்ற புத்தகத்தை உங்களுக்கு அறிமுகம் செய்வதில் நான் பெருமிதம் அடைகிறேன்.

இந்த தொழில்நுட்ப காலகட்டத்தில் ஆண்ட்ராய்டு மொபைல் பயன்படுத்தாத நபர்களேயே காண இயலாது பலரது வாழ்க்கையில் ஆண்ட்ராய்டு மொபைல் ஒரு அங்கமாகவே மாறிவிட்டது. ஏனெனில் ஒரு நாளில் பல மணிநேரங்கள் ஆண்ட்ராய்ட் மொபைல் பயன்படுத்துவதில்லேயே பலர் செலவழிக்கின்றனர்.

அப்படி ஆண்ட்ராய்டு மொபைலில் என்னதான் மக்கள் பயன்படுத்துகிறார்கள் என்று உற்று நோக்க தொடங்கினேன். பிறகு சமூக தொடர்பிற்கும் பொழுது போக்கிற்கும் மட்டுமே பெரும்பாலான மக்கள் ஆண்ட்ராய்டு மொபைலை பயன்படுத்துகிறார்கள். சிலர் மட்டுமே மற்ற காரணங்களுக்காக ஆண்ட்ராய்டு மொபைலை பயனுள்ள வகையில் பயன்படுத்துகின்றனர் என அறிந்தேன்.

ஆகையால் அனைத்து மக்களும் பயன் உள்ள வகையில் ஆண்ட்ராய்டு மொபைலை பயன்படுத்த வேண்டும் என்பதற்காக இப்புத்தகத்தை எழுதியுள்ளேன்.

இப்புத்தகத்தின் மூலம் உங்கள் பல தேவைகளை பூர்த்தி செய்யும் வகையிலான பயனுள்ள ஆண்ட்ராய்டு செயலிகளை குறித்த விழிப்புணர்வை பெறுவீர்கள் என நம்புகிறேன்.

இதன் மூலம் மக்களை பொழுதுபோக்கு அம்சங்களை குறைவாகப் பயன்படுத்த வைத்து அறிவார்ந்த அம்சங்களை அதிகமாக பயன்படுத்த வைப்பதே இப்புத்தகத்தின் நோக்கம்.

இப்புத்தகத்தின் நோக்கம் வெற்றி பெற இறைவனை வேண்டி இப்புத்தகத்தை தொடங்குகிறேன்.....

முகவுரை

மக்கள் அனைவரும் பயன் உள்ள வகையில் ஆண்ட்ராய்ட் மொபைலை பயன்படுத்த வேண்டும் என்பதற்காக ஆண்ட்ராய்டு மொபைல்களுக்கான பயனுள்ள செயலிகளை தொகுத்து ஒரு புத்தகமாக வெளியிடப்பட்டுள்ளது. மற்றபடி எந்த தவறான நோக்கமும் இல்லை. ஆகையால் அனைவரும் செயலிகளை பயன்படுத்தி பயன் பெறுவீர்கள் என்று நம்புகிறேன்.

இப்புத்தகத்தில் குறிப்பிட்டிருக்கும் அனைத்து செயலிகளும் கூகுள் ப்ளே ஸ்டோரில் உள்ள நம்பகமான செயலிகள் தான். ஆகையால் நீங்கள் பாதுகாப்பு குறித்த அச்சம் தவிர்த்து விடலாம்.

செயலியை பதிவிறக்கம் செய்ய:

இதில் கொடுத்திருக்கும் எந்த செயலியை பதிவிறக்கம் செய்ய வேண்டுமானாலும் புத்தகத்தில் உள்ள செயலியின் பெயர் என்ற இடத்தில் உள்ள செயலியின் பெயரை கூகுள் ப்ளே ஸ்டோரில் சென்று டைப் செய்தால் அந்த செயலி தோன்றும் அதை நீங்கள் இன்ஸ்டால் பட்டனை கிளிக் செய்து பதிவிறக்கம் செய்து கொள்ளலாம்.

1

கூகுள் நிறுவனத்தின் பயனுள்ள செயலிகள்:

செயலியின் பெயர்:**Blogger**

விளக்கம்: இந்த செயலியின் மூலம் இலவச இணையதளத்தை உருவாக்கிக் கொள்ளலாம். அதன்மூலம் பணத்தையும் ஈட்டிக் கொள்ளலாம். இந்த செயலி தொழில் தொடங்குபவர்களுக்கும் அல்லது கதை எழுதி பணம் சம்பாதிக்க வேண்டும் என்பவர்களுக்கும் உதவும்.

செயலியின் பெயர்: **Bolo**

விளக்கம்: இது குழந்தைகளுக்கான செயலி. இந்த செயலி குழந்தைகள் ஆங்கிலம், தமிழ், இந்தி போன்ற மொழிகளை கற்றுக்கொள்ள பயனுள்ளதாக இருக்கும். இந்த செயலியை பதிவிறக்கி உங்கள் குழந்தைகளுக்கு கொடுத்து முயற்சி செய்து பாருங்கள்.

செயலியின் பெயர்: **Socratic By Google**

விளக்கம்: இந்த செயலி உங்கள் குழந்தைகள் கணிதம், அறிவியல் போன்ற பாடங்களை கற்றுக் கொள்ளவும் வீட்டுப்பாடங்கள் செய்யவும் பயனுள்ளதாக இருக்கும்.

செயலியின் பெயர்: **Google Keep Notes**

விளக்கம்: இந்த செயலியின் மூலம் நமது முக்கிய குறிப்புகளை குறித்து வைத்துக் கொள்ளுதல், நினைவூட்டல்கள் தயாரித்துக் கொள்ளுதல், மற்றும் ஷாப்பிங் பட்டியல் தயாரித்துக் கொள்ளுதல் போன்றவற்றை செய்யலாம்.

செயலியின் பெயர்: **Google Tasks**

விளக்கம்: இந்த செயலியின் மூலம் நீங்கள் செய்து முடிக்க வேண்டிய வேலைகளை டாஸ்க் ஆக குறித்துக் கொண்டு அவற்றை ஒவ்வொன்றாக நிறைவேற்றலாம். இந்த செயலி தொழில் செய்பவர்களுக்கும் மற்றும் மாணவர்களுக்கும் பயனுள்ளதாக இருக்கும்.

செயலியின் பெயர்: **Google News**

விளக்கம்: இந்த செயலியின் மூலம் உலகச் செய்திகள், வர்த்தக செய்திகள், மாநில செய்திகள், மாவட்ட செய்திகள், உள்ளூர் செய்திகள், சினிமா செய்திகள், என அனைத்து வகையான செய்திகளையும் உடனுக்குடன் பெற முடியும்.

செயலியின் பெயர்: **toontastic**

விளக்கம்: இந்த செயலியின் மூலம் அனிமேஷன் கார்ட்டூன் வீடியோக்களை தயாரிக்க முடியும். இந்த செயலி கற்பனைத் திறனை வளர்ப்பதற்கு மிகவும் பயனுள்ளதாக இருக்கும். இந்த செயலியை பயன்படுத்த எந்தவித அனிமேஷன் பயிற்சியும் தெரிந்திருக்க வேண்டும் என்ற அவசியமில்லை.

செயலியின் பெயர்: **Grasshopper**

விளக்கம்: இந்த செயலியில் கோடிங் லாங்குவேஜ் கற்றுக்கொள்வதற்கான அடிப்படை பயிற்சியிலிருந்து செய்முறை பயிற்சி வரை வழங்கப்படும். இது கோடிங் லாங்குவேஜ் கற்றுக்கொள்ள வேண்டும் என்பவர்களுக்கு மிகவும் பயனுள்ளதாக இருக்கும்.

செயலியின் பெயர்: **GPay**

விளக்கம்: இந்த செயலியின் மூலம் அனைத்து விதமான ஆன்லைன் பரிவர்த்தனைகளும் செய்யலாம். இது மிகவும் பாதுகாப்பான செயலி.

செயலியின் பெயர்: **Google Map**

விளக்கம்: இந்த செயலியின் மூலம் உலகத்தில் உள்ள அனைத்து இடங்களுக்கும் செல்வதற்கான வழி தடங்கள், எவ்வளவு மணி நேரத்தில் செல்லலாம், எந்த பேருந்துகளில் பயணம் செய்யலாம் மற்றும் அருகிலுள்ள ஏடிஎம் மையங்கள், பெட்ரோல் பங்குகள், ஓட்டல்கள் என அனைத்து தகவல்களையும் தெரிந்து கொள்ளலாம்.

செயலியின் பெயர்: Google Earth

விளக்கம்: இந்த செயலியின் மூலம் உலகத்தில் உள்ள அனைத்து இடங்களின் புகைப்படங்களை காணலாம். இந்த செயலியை மாணவர்களுக்கு மிகவும் பயனுள்ளதாக இருக்கும்.

☙

செயலியின் பெயர்: Google Translate

விளக்கம்: இந்த செயலி ஒரு மொழியிலிருந்து மற்றொரு மொழிக்கு மொழி பெயர்க்க உதவுகிறது. இந்த செயலியில் வாய்ஸ் மூலமும், ஸ்கேன் செய்வதன் மூலமும் அல்லது டைப் செய்வதன் மூலமும் மொழிபெயர்த்துக் கொள்ளலாம்.

☙

செயலியின் பெயர்: Google Find My Device

விளக்கம்: இந்த செயலியின் மூலம் உங்கள் செல்போன் தொலைந்து விட்டால் அதை கண்டு பிடித்துக் கொள்ளலாம். முதலில் இந்த செயலியை பதிவிறக்கி பிறகு நீங்கள் தொலைத்த மொபைலில் உள்ள ஜி மெயில் ஐடி மற்றும் அதன் பாஸ்வேர்டை உள்ளிடவும். பிறகு Play Sound பட்டனை அழுத்தவும் உடனே நீங்கள் தொலைத்த மொபைலில் அலாரம் அடிக்கும் அந்த சத்தத்தைக் கேட்டு நீங்கள் உங்கள் மொபைலை கண்டுபிடித்துக் கொள்ளலாம். ஒரு வேளை நீங்கள் இதை செய்யும் பொழுது உங்கள் மொபைல் சுவிட்ச் ஆப் ஆக இருந்தாலோ அல்லது டேட்டா ஆஃப் இருந்தாலோ இந்த செயலி வேலை செய்யாது.

செயலியின் பெயர்: **Google Assistant**

விளக்கம்: இந்த செயலியின் மூலம் உங்கள் கட்டளைகள் அனைத்தையும் உங்களுக்கு தெரிந்த மொழியில் கூறி அவற்றை பெற்றுக்கொள்ளலாம்கொள்ளலாம். உதாரணமாக: நீங்கள் உங்கள் தொடர்பு பட்டியலில் இருக்கும் ஏதேனும் பெயரை கூறி அவர்களுக்கு கால் செய் என்று கூறினால் அவற்றை செய்யும். (முத்து கால் பண்ணு).

செயலியின் பெயர்: **Google Meet**

விளக்கம்: இந்த செயலியின் மூலம் 200க்கும் மேற்பட்ட நபர்களுடன் வீடியோ கால்கள் பேசிக் கொள்ளலாம், இந்த செயலி ஆன்லைன் சந்திப்பு கூட்டங்கள்(online Group Meetings) நடத்த மிகவும் பயனுள்ளதாக இருக்கும்.

செயலியின் பெயர்: **Google Docs**

விளக்கம்: இந்த செயலியின் மூலம் பல விதமான ஆவணங்களை எளிதாக உருவாக்க முடியும். இந்த செயலி மாணவர்களுக்கும் தொழில் நிறுவனங்களுக்கும் எழுத்தாளர்களுக்கும் மிகவும் பயனுள்ளதாக இருக்கும்.

செயலியின் பெயர்: **Google Sheets**

விளக்கம்: இந்த செயலியின் மூலம் உங்கள் தரவுகளின் பட்டியலை தயாரிக்கலாம். இந்த செயலி அனைத்து நிறுவனங்களுக்கும் மற்றும்

மாணவர்களுக்கும் உதவி கரமாக இருக்கும்.

ෙ

செயலியின் பெயர்:Google Slides
விளக்கம்: இந்த செயலி விளக்கக்காட்சி உருவாக்க உதவும். இந்த செயலி ஆசிரியர்கள், நிறுவனங்கள், மாணவர்கள் என அனைவருக்கும் பயன்படும்.

ෙ

செயலியின் பெயர்: Snapseed
விளக்கம்: இந்த செயலி போட்டோ எடிட்டிங் செய்ய உதவும். இதை முயற்சி செய்து பாருங்கள்.

ෙ

செயலியின் பெயர்: Google Classroom
விளக்கம்: இந்த செயலி ஆன்லைனில் பாடம் எடுக்க மிகவும் பயனுள்ளதாக இருக்கும். இந்த செயலியின் மூலம் ஆசிரியர்கள் வீட்டுப்பாடங்கள் கொடுக்கலாம் அதனை மாணவர்கள் முடித்து இந்த செயலியில் பதிவேற்றம் செய்து ஆசிரியருக்கும் அனுப்பலாம். மேலும் பல ஆப்ஷன்கள் இந்த செயலியில் உள்ளது. நீங்கள் ஆசிரியராக இருந்தால் ஆன்லைன் பாடம் எடுக்க உங்களுக்கு இது மிகவும் பயனுள்ளதாக இருக்கும். முயற்சி செய்து பாருங்கள்.

ෙ

செயலியின் பெயர்: Lookout By Google
விளக்கம்: இந்த செயலியின் மூலம் உங்களுக்குத் தெரியாத பொருட்களை ஸ்கேன் செய்து அவற்றின் பெயர்களைத் தெரிந்து கொள்ள முடியும்.

செயலியின் பெயர்: Google Family Link For Parents Google Family Link For children and Teens

விளக்கம்: குழந்தைகள் படிப்பதற்காக அவர்களுக்கு ஆண்ட்ராய்டு மொபைல் வாங்கி கொடுத்து இருக்கிறோம். ஆனால் குழந்தைகள் அதை படிப்பதற்காக மட்டும் தான் பயன்படுத்துகிறார்களா என சந்தே- கமும் பயமும் உங்களுக்கு இருக்கிறதா. இனி கவலையை விடுங்கள். கூகுளின் இந்த இரு செயலி இருக்கும் வரை இந்த பயம் நமக்கு வேண்டவே வேண்டாம். சரி செய்து எப்படி பயன்படுத்துவது என்பது பற்றி இப்போது பார்க்கலாம்.

Google FamilyLink For Parents என்ற செயலியை பெற்றோர் மொபைலிலும், Google FamilyLink For children and Teens என்ற செயலியை குழந்தை மொபைலிலும் பதிவிறக்கம் செய்து கொண்டு இரண்டையும் பதிவு செய்து பெற்றோர் கணக்கிலிருந்து குழந்தை கணக்- கிற்கு இணைத்துக் கொள்ளுங்கள். பிறகு பெற்றோர்கள் எதை எதை மட்டும் குழந்தைகள் பயன்படுத்த வேண்டும் என நினைக்கிறீர்களோ அதை விட்டுவிட்டு மற்ற செயலிகளை லாக் செய்து கொள்ளலாம் அவற்றை குழந்தைகள் பயன்படுத்த முடியாது. இந்த செயலியை பயன்- படுத்தி பாருங்கள் உங்களுக்கு பயனுள்ளதாக இருக்கும்.

2

பயனுள்ள சோசியல் மீடியா செயலிகள்

செயலியின் பெயர்: Whatsapp Business

விளக்கம்: இந்த செயலி உங்கள் தொழிலை மேம்படுத்த மிகவும் உதவும். இந்த செயலியின் மூலம் உங்கள் தொழிலுக்கான வாட்ஸ்அப் அக்கவுண்டை ஓபன் செய்து கொள்ளலாம், உங்கள் தொழிலுக்கான பணப்பரிவர்த்தனை களையும் செய்து கொள்ளலாம், உங்கள் தொழிலுக்கான வாட்ஸ்அப் குழுக்கள் உருவாக்கிக் கொள்ளலாம், உங்கள் தொழிலுக்கான கேட்லாக் தயார் செய்து கொள்ளலாம் மற்றும் பல தொழில்ரீதியான தகவல்களைப் பெற முடியும்.

செயலியின் பெயர்: Facebook

விளக்கம்: இந்த செயலியில் வெறும் நண்பர்களை பெறுவதற்கு மட்டும் பயன்படுத்தாமல் தொழில் ரீதியாகவும் பயன்படுத்தலாம். இந்த செயலியில் ஃபேஸ்புக் பேஜ் என்ற ஆப்ஷன் உள்ளது. அதன்மூலம் உங்கள் தொழிலுக்கான பக்கத்தை உருவாக்கி அதன்மூலம் உங்கள் பொருட்களை விற்பனை செய்து லாபம் ஈட்டலாம். மற்றும் இந்த செயலியில் ரத்ததானம் செய்பவர்களை குறித்த விவரங்களையும் பெறலாம்.

☙

செயலியின் பெயர்:Twitter

விளக்கம்: இந்த செயலியின் மூலம் குறுந்தகவல்களை அனுப்பலாம் மற்றும் குறுந்தகவல்களை பெறலாம். இந்த செயலியை இதில் கூறுவது போல் பயனுள்ளதாக பயன்படுத்திக் கொள்ளலாம். (உதாரணமாக:) நீங்கள் தமிழ்நாட்டை சேர்ந்தவர் எனில் தமிழ்நாட்டு முதலமைச்சர், தமிழ்நாடு பள்ளிகல்வித்துறை அமைச்சர் போன்றவர்களை இதில் ஃபாலோ செய்து கொள்ளலாம். அவர் வழங்கும் அரசு சார்ந்த திட்டங்களை குறித்த குறுந்தகவல்களை பெற்று பயன்பெறலாம். இதுபோன்ற பல முக்கிய நபர்கள் இச்செயலில் உள்ளார்கள் அவர்களை ஃபாலோ செய்து அவர்களை குறித்த தகவல்களை பெறலாம்.

☙

செயலியின் பெயர்: whatsapp

விளக்கம்: இந்த செயலியின் மூலம் நண்பர்கள், உறவினர்கள் போன்-

றவர்களிடம் கருத்தை பரிமாறிக் கொள்ளலாம். மற்றும் உங்கள் கல்வி சார்ந்த அல்லது தொழில் சார்ந்த குழுக்களை உருவாக்கி கொண்டு அதைக்குறித்த தகவல்களைப் பரிமாறியும் பயன்பெறலாம்.

செயலியின் பெயர்: Telegram

விளக்கம்: இந்த செயலியை வாட்ஸ்அப் செயலி போன்று பயன்படுத்திக் கொள்ளலாம். மற்றும் உங்களுக்கு என ஒரு டெலிகிராம் சேனல் ஐ ஓபன் செய்து அதில் உங்களுக்கு தெரிந்த தகவல்களை போட்டு உங்கள் சேனலை பிரபலப்படுத்தி அதில் விளம்பரங்களை add செய்து அதன்மூலம் வருவாய் ஈட்டலாம்.

செயலியின் பெயர்: YouTube

விளக்கம்: இந்த செயலியின் மூலம் பல பயனுள்ள வீடியோக்களை பார்க்கலாம். மற்றும் உங்களுக்கு தெரிந்த பயனுள்ள தகவல்களை இச்-செயலில் வீடியோவாக பதிவேற்றி பணமும் சம்பாதிக்கலாம்.

செயலியின் பெயர்: Quora

விளக்கம்: இந்த செயலியின் மூலம் உங்களுக்கு சந்தேகத்தை ஏற்படுத்தும் கேள்விகளை பதிவேற்றம் செய்து இந்தக் கேள்விக்கான விடை தெரிந்தவர்களிடம் இருந்து பெறலாம். இது மிகவும் பயனுள்ள செயலி. இது தமிழ் ஆங்கிலம் இந்தி போன்ற பல மொழிகளில் இந்த செயலி கிடைக்கிறது.

செயலியின் பெயர்: Wikipedia

விளக்கம்: இந்த செயலியின் மூலம் பல தலைப்புகளில் சார்ந்த கட்டுரைகளை பெறலாம். உதாரணமாக உங்களுக்கு தொழில்நுட்பம் சார்ந்த கட்டுரை தேவைப்படுகிறது எனில் technology என டைப் செய்து search ஓகே கொடுத்து அதன் தகவல்களை உள்ளடக்கிய கட்டுரையை பெறலாம்.

செயலியின் பெயர்:GMail
Yahoo Mail

விளக்கம்: இந்த தொழில்நுட்ப காலகட்டத்தில் உங்களை தொடர்பு கொள்ள தொலைபேசி எண்ணும் ஈமெயில் ஐடி கட்டாயமாக உள்ளது. அவ்வளவு முக்கியமான ஈமெயில் ஐடியை ஓப்பன் செய்வதற்கான செயலிகள் தான் இவை. இந்த இரு செயலிகளில் நீங்கள் எந்த செயலியை பயன்படுத்தி இமெயில் ஐடி உருவாக்குகிறீர்கலோ அந்த செயலியின் பெயர்தான் @க்கு பின்புறம் வரும். உதாரணமாக suriyakumar என்பவர் yahoo mail செயலியைப் பயன்படுத்தி ஈமெயில் ஐடி உருவாக்கம் செய்கிறார் என்றால் அவரின் ஈமெயில் ஐடி இப்படி தான் இருக்கும்: suriyakumar@yahoo.com

செயலியின் பெயர்: Linkedin

விளக்கம்: இந்த செயலியின் மூலம் பல வர்த்தக நிறுவனத்தில் பணிபுரியும் நபர்களுடனும், தொழிலதிபர்களுடன் தொடர்புகளை ஏற்படுத்தி வேலை வாய்ப்புகளை பெறலாம்.

செயலியின் பெயர்: clubhouse

விளக்கம்: இந்த செயலியின் மூலம் உங்களுக்கு பிடித்த தலைப்பை பதிவேற்றம் செய்து அதைக்குறித்த கருத்துக்களை பல நபர்களுடனும், நிபுணர்களுடணும் விவாதிக்கலாம். இந்த செயலி உங்கள் அறிவை மேம்படுத்த உதவும்.

3
பயனுள்ள கால்குலேட்டர் செயலிகள்

செயலியின் பெயர்: smart calculator - **All In one calculator**

விளக்கம்: அனைத்துவித கால்குலேட்டர் களையும் ஒரே செயலியில் பெற வேண்டும் என்று நினைத்தால் அதற்கான செயலில் இதுதான். இதில் பலவித கால்குலேட்டர்கள் உள்ளது அதை பற்றிய தகவல் கீழே கொடுக்கப்பட்டுள்ளது.

Calculators

- Standard & Scientific calculator
- GST/Sales Tax/VAT calculator
- Loan calculator: EMI, Compare Loan, Loan Affordability, Amortization
- Interest calculator: FD, RD, ROI, SIP, Doubling Time
- Percentage calculator, Markup & Margin, Basis Point
- Unit Price calculator : Find cheapest price

- Health Calculator: BMI, BMR, Body Fat % & Daily Calories burn
- Date & Time Calculator: Age, Date Duration, Time Duration, Add/subtract Duration, Days Countdown, Time Card, Working Days Between Dates, Add/Subtract Working Days
- Discount calculator
- Tip calculator
- Equation solver: Linear & Quadratic

Converters
Unit converter √
Currency converter √

Key Features

Standard & Scientific Calculator
- Facilitates instant & accurate calculations from simple to complex
- Store value for later using memory keys
- Track your calculations with History. Write a short note for important calculation
- Undo result
- Number to Word
-Extra functions

Unit Converter
- Simple, smart & elegant tool with more than 200 unit converters that are used in everyday life
- Supported conversion categories:- Length & Distance, Weight, Area, Volume, Temperature, Cooking, Number Base, Digital Storage, Number Conversion, Data Transfer,

Time, Speed, Force, Power, Fuel, Energy, Angle, Density, Acceleration, Frequency, Torque.

Currency converter
- Foreign exchange rates of 170 countries currency
- Available offline

GST /Sales Tax/VAT Calculator
-Include(+) or Exclude(-) Tax from given amount with single click.
- 5 Pre-provided tax rates can be customized as per your country rates.

Interest Calculator
-Calculate interest & maturity amount on your saving through Simple Interest, Compound Interest, RD, SIP & Doubling Time.
-Check your investment opportunities through ROI

Percentage Calculator
-Simple percentage, % increase/decrease, % change, what %, fraction to %
-Calculate Markup percentage, Margin percentage & total profit based on cost & selling price

Health Calculator
- BMI, BMR, Body Fat %, Daily Water Intake based on your age, gender, height & weight. Calculate daily calorie requirement as per selected activity level.
- Track your weight to improve your BMI and overall health.

Date Calculator

-Age calculator & Birthday tracking
-Date Duration between two dates/times
-Add/Subtract duration to date & calculate final date & time.
-Days/Hours Countdown. Never miss your important events

Equation Solver
- Linear equations with one, two & three variables
- Quadratic equation

Loan Calculator
-Calculate your EMI, total interest & final amount with amortization chart in a easiest way.
-Compare two loans to know which one is better for you.
-Calculate how much loan you can afford based on your max monthly EMI.

Discount Calculator
-Calculate or confirm discounts quickly on original price.
-Find out how much you save for an item.

Tip Calculator
-Calculate the tip percentage or tip amount & split the bill among number of persons on table.
-Save time when you use the bill splitter, and tip exactly what you mean to, no more, no less.

Unit Price Calculator
-Compare prices of two or more products having different quantities of same unit & buy cheapest price item.

செயலியின் பெயர்: **Financial calculators**

விளக்கம்: நிதி சார்ந்த அனைத்து வகையான கால்குலேட்டர் களும் இந்த ஒரே செயலியில் உள்ளது.

அவை:

Finance and Investment Calculators
* TVM Calculator
* Currency Converter
* Compound Interest Calculator
* Return On Investment (ROI) Calculator
* IRR NPV Calculator
* MIRR Calculator
* Bond Calculator
* Tax Equivalent Yield Calculator
* Rule of 72 Calculator

Loan/Mortgage Calculators

* Loan/Mortgage Calculator
* Loan Comparison Calculator
* Loan Refinance Calculator
* APR Calculator
* APR Advanced Calculator
* Commercial Loan Calculator
* Simple Loan Calculator
* Loan Analysis Calculator
* Home Affordability Calculator

* Rent vs Buy Calculator
* Mortgage Tax Saving Calculator
* Discount Points Calculator
* Adjustable Rate Calculator
* Fixed vs Adjustable Rate Calculator
* Bi-weekly Payment Calculator
* Interest Only Calculator

Retirement Calculators

* Retirement Planner
* 401k Contribution Calculator
* Retirement Calculator
* Retirement Savings Analysis
* Retirement Income Analysis
* Traditional IRA vs Roth IRA
* Required Minimum Distribution
* Social Security Estimator
* Asset Allocation Calculator
* 401k Save the Max Calculator
* College Savings Calculator

Stock Calculators

* Stock Return Calculator
* Stock Constant Growth Calculator
* Stock Non-constant Growth Calculator
* CAPM Calculator
* Expected Return Calculator
* Holding Period Return Calculator
* Weighted Average Cost of Capital Calculator
* Pivot Point Calculator
* Fibonacci Calculator

* Black-Scholes Option Calculator

Credit Card Calculators

* Credit Card Payoff Calculator
* Credit Card Minimum Calculator

Auto Loan and Lease Calculators

* Auto Loan Calculator
* Auto Lease Calculator

Miscellaneous Calculators

* Regular Calculator
* Tip Calculator
* Discount and Tax Calculator
* Percentage Calculator
* Date Calculator
* Unit Conversion
* US Inflation Calculator
* Margin and Markup Calculator
* Fuel Calculator
* Salary Increase Calculator
* US Paycheck Tax Calculator
* US Health Savings Account Calculator
* Net Distribution Calculator
* Effective Rate Calculator
* Mutual Fund Fee Calculator
* Unit Price Compare Calculator
* Balance Sheet and Income Statement Analysis
* Financial Ratios
* US Interest Rate

* US Mortgage Rate
* Commodities and Futures

༄༅

செயலியின் பெயர்: **Vaddi interest calculator**

விளக்கம்: இந்த செயலின் மூலம் நாம் பொதுவாக பயன்படுத்தும் வட்டி கணக்கை இதில் போட முடியும். வட்டி கொடுப்பவர்களுக்கு மற்றும் வட்டி கட்டுபவர்களுக்கு இந்த செயலி மிகவும் பயனுள்ளதாக இருக்கும்.

༄༅

செயலியின் பெயர்: **Cash Drawer**

விளக்கம்: இந்த செயலியின் மூலம் எவ்வளவு பணக்கட்டுகள் இருந்தாலும் அவற்றை எளிதாக என்ன முடியும். பண பரிவர்த்தனை நேரங்களில் இச்செயலி பயனுள்ளதாக இருக்கும்.

༄༅

4
பயனுள்ள காலண்டர் செயலிகள்

செயலியின் பெயர்: **Nithra Tamil Calendar**

விளக்கம்: இச்செயலின் மூலம் தின காட்டி, மாத காட்டி, வருட காட்டி, கௌரி பஞ்சாங்கம், விடுமுறை நாட்கள், விரத தினங்கள், சுபமுகூர்த்த தினங்கள், Jothidar Pathilkal, Parikarankal, Thirumanaporutham (Marriage Matching), Kanavu Palankal, Macha Saasthiram, Palli vilum palankal, Manaiadi Sasthiram, Kiraka peyarchi palankal, Kakam karaiyum palankal, Ramayanam, Ponniyin Selvan, Mahabharatham, Thara palangal, Thirukkural, Baby Names in Tamil, Vaazhthukkal, Age Calculator, Age difference, BMI Calculator, Cash Tally, Market Rate, Guru Peyarchi Palangal, Shop List maker, Jothida Kelvi Pathikal, IFSC Codes, Road Rules. போன்ற பல தகவல்களை பெறலாம்.

செயலியின் பெயர்: Nila Tamil Calendar

விளக்கம்: இந்த செயலியின் மூலம் தினசரி நாள்காட்டி, மாத நாட்காட்டி, வருட நாள்காட்டி, ராசி பலன்கள், ஜோதிடம், எண் ஜோதிடம், சமையல் குறிப்புகள், அகராதி, மருத்துவ தகவல்கள், வினா புதிர்கள்,Thirukural (Daily A Kural)
Yoga (Asanas & step-by-step guides)
APJ Abdul Kalam (Life History)
Notes (events & notification)
Online horoscope news from popular Tamil dailies
Panchangam
Wishes & Proverbs (Tamil & English)
Shiva Temples in Tamilnadu
Mandiram for Daily Life
Pranayama
Names for New Borns
Kanavu Palangal (Dream Prediction)

செயலியின் பெயர்:Om Tamil Calendar

விளக்கம்: இந்த செயலியின் மூலம் Daily view, Month view, Rasipalan for all 365 days & Daily Horoscope chart
• Gives you Auspicious days, Rahukalam, Yamagandam & Kuligai
• Indication of Amavasai, Pournami, Pradosham, Karthigai, Ekadasi, Chaturthi, Shivaratri, porutham etc.,

for the whole year
* List of holidays (list of Hindu festival days, Christian festival days, Muslim festival days & government holidays)
* Subha Muhurtham days
* List of important fasting days
* Indru Oru Thagaval (இன்று ஒரு தகவல்) for all 365 days
* Daily rasipalan, Monthly rasipalan and Yearly rasipalan
* Vasthu & Kari Naal included
* Thirukovilkal (famous Temples in TamilNadu).
Devotional songs
* Astrology, Pariharams, Guru Peyarchi Palangal (குரு பெயர்ச்சி) for all rasi.
* Spiritual & Thoughtful stories etc.,
* Wishes / Messages (வாழ்த்துக்கள்)
* Gowri Panchangam & Gowri Nalla Neram
* Marriage matching - star matching is so easy as never better.
* To do list, Reminders, Smart Tools like Diary, Compass, BMI, EMI, GST & Age calculator etc.,
* Om Astro - get your personalized horoscope as PDF report like your Wealth horoscope, your Baby horoscope, Marriage horoscope etc., Pooja services, Astrologer consultation
* Om Matrimony - FREE registration!
* Gods Wallpapers - Make your mobile phone with divine wallpaper
* Tamil Baby names based on Star & Nakshatram
* English view option
* Local notification will keep you up-to-date regarding festivals & auspicious days
* Om Classifieds - all wedding needs in & around Chennai & other parts of Tamil Nadu & Bangalore.

- Healthy Food & Health Care (Yoga Mudras & Meditation including OM chanting sounds, Tibetan bell), Acupressure tips & Mediation musics.
Vasthu Sasthram and Palmistry
- Offers - discounts
- Tamil Calendar Offline details are included
- All the core essentials of Tamil Calendar& Tamil Panchangam section will also work in offline without internet. போன்ற தகவல்களை பெறலாம்.

5
ஆன்லைன் பரிவர்த்தனை செய்ய உதவும் செயலிகள்

தொழில்நுட்பம் வளர வளர அனைத்தும் மாறிக்கொண்டே வருகிறது அப்படி தான் காகித பணபரிமாற்றம் பதிலாக ஆன்லைன் பணப் பரிமாற்றம் அறிமுகமாகியுள்ளது. இதன் மூலம் ரீசார்ஜ், கரண்ட் பில், டிடிஎச் பில், கேஸ் பில், மற்றவர்கள் வங்கி கணக்கிற்கு பணம் அனுப்புவது போன்ற பலவற்றை செய்ய முடியும். இதற்கு உறுதுணையாக இருக்கும் நம்பகமான செயலிகளை பற்றி இதில் பார்க்கலாம்.

செயலியின் பெயர்கள்:

GPay
Phonpe
Paytm
Mobikwik
Bhim UPI

6
All-in-one பயனுள்ள செயலிகள்

செயலியின் பெயர்: **All Tools**

விளக்கம்: இந்த செயலியின் மூலம் 60க்கும் மேற்பட்ட பயனுள்ள கருவிகளை பெறுவீர்கள். அவை கீழே கொடுக்கப்பட்டுள்ளது.

Tool Lists
1. Walkie Talkie 2. Music Group
3. CCTV 4. Bar-code and QR-code reader
5. Torch 6. Compass
7. Clipboard 8. Mirror
9. Speedometer 10. Leveler
11. Converter 12. Metal Detector
13. Recorder 14. Stop Watch
15. Brightness 16. Temperature
17. Pressure 18. Length (Height)
19. Humidity 20. Protractor
21. Sound Intensity 22. Altitude
23. Emf 24. Blank Cam
25. Heart Rate 26. G - Meter
27. My Location 28. Ruler

29. Counter 30. Scribbler
31. Color Detector 32. rpm
33. Step Counter 34. Horizontal Length
35. Seismometer 36. Mike
37. Magnifier 38. Battery info
39. Internet Speed 40. Speed
41. WiFi Calls 42. Sound generator
43. Random digit 44. Text to Speech
45. Motion Cam 46. Controller
47. Night Vision 48. Signal Strength
49. IR Remote 50. Text Recognition
51. File Transfer 52. Check List
53. Cam Scanner 54. Timer
55. Speech to Text 56. Arduino bluetooth
57. BMI 58. Screen recorder
59. Stop motion 60. Paint
61. QR-Generator 62. Morse code
63. EMI 64. Path tracker
65. Number count 66. Billing System
67. Days counter 68. Vault

செயலியின் பெயர்:Smart Kit 360

விளக்கம்: பல வகையான சோசியல் மீடியா செயலிகள், பலவகையான உலகச் செய்தி செயலிகள், பலவகையான ஷாப்பிங் செயலிகள், பல வகையான ஸ்மார்ட் டூல்ஸ் செயலிகள் என அனைத்தையும் இந்த ஒரு செயலியில் பெறலாம்.

7
பயனுள்ள எடிட்டிங் செயலிகள்

செயலியின் பெயர்: PDFO

விளக்கம்: இந்த செயலியின் மூலம் pdf கோப்புகளில் உள்ள பக்கங்களை நீக்குதல், பக்கங்களை சேர்த்தல், புகைப்படங்களில் pdf கோப்புகளாக மாற்றுதல் போன்றவற்றை இச்செயலில் செய்யலாம்.

செயலியின் பெயர்: Canva

விளக்கம்: இச்செயலில் புகைப்படம் எடிட் செய்தல், பல வகையான பேனர்கள் தயாரித்தல், பலவகையான அறிமுக வீடியோக்கள் தயாரித்தல் போன்ற வற்றை அச்செயலில் செய்யலாம். கண்டிப்பாக செயலியை பயன்படுத்தி பாருங்கள் மிகவும் பயனுள்ளதாக இருக்கும். பலவகையான பேனர் எடிட்டிங்கள் இந்த ஒரு செயலில் உள்ளது.

செயலியின் பெயர்: **kinemaster**

விளக்கம்: இந்த செயலியின் மூலம் பலவிதமான வீடியோ எடிட்டிங் செய்யலாம். இதில் பல ஆப்ஷன்கள் உள்ளது. இந்த செயலி மிகவும் சிறந்தது மற்றும் மிகவும் பயனுள்ளதாக இருக்கும் முயற்சி செய்து பாருங்கள்.

செயலியின் பெயர்: **Adobe Lightroom**

விளக்கம்: இந்த செயலி போட்டோ எடிட்டிங் செய்ய மிகவும் பயனுள்-ளதாக இருக்கும். இந்த செயலியில் பல ஆப்ஷன்கள் உள்ளது. முயற்சி செய்து பாருங்கள்

8
மாணவர்களுக்கான பயனுள்ள செயலிகள்

செயலியின் பெயர்: **Kutuki Kids**

விளக்கம்: இந்த செயலி pre-school குழந்தைகளுக்கான செயலி. இந்த செயலியின் மூலம் வீட்டிலிருந்தே குழந்தைகளுக்கு எண்கள், ஆங்கில எழுத்துக்கள், தமிழ் எழுத்துக்கள், விலங்குகள் பெயர், பறவைகள் பெயர் என பலவற்றை அனிமேஷன் மூலம் கற்றுக் கொடுக்கலாம்.

செயலியின் பெயர்:**Notepad**

விளக்கம்: இந்த செயலியின் மூலம் மாணவர்கள் முக்கியமான தகவல்களை குறித்து வைத்துக் கொள்ளலாம் அதை நினைவூட்டல் ஆப்-

ஷனை பயன்படுத்தி ஞாபகம் வைத்துக் கொள்ளலாம்.

செயலியின் பெயர்: **vikaspedia**

விளக்கம்: இந்த செயலியின் மூலம் உங்களுக்கு தெரியாத தலைப்பு-களை இதில் தேடி அவற்றைப் பற்றிய கட்டுரைகளை பெறலாம்.

செயலியின் பெயர்: **Photomath**

விளக்கம்: இந்த செயலியின் மூலம் மாணவர்கள் தெரியாத கணக்கிற்-கான விடையை பெற்றுக் கொள்ளலாம். சரி இந்த செயலியை எப்படி பயன்படுத்துவது என்று இப்போது பார்க்கலாம். நீங்கள் எந்த கணக்குக்-கான விடையை தெரிந்து கொள்ள வேண்டும் என்று விரும்புகிறீர்களோ அந்த கணக்கை இந்த செயலியின் மூலம் ஸ்கேன் செய்தால் அதற்கான விடை தோன்றும். மாணவர்கள் அதை பயன்படுத்திக் கொள்ளலாம்.

செயலியின் பெயர்: Readera

விளக்கம்: இந்த செயலியின் மூலம் pdf பார்மட்டில் உள்ள புத்தகங்களை லைப்ரரி வடிவில் மாற்றி அமைத்து வைத்துக்கொள்ளலாம். அப்பொழுது மாணவர்கள் தேடி படிப்பதற்கு மிகவும் எளிதாக இருக்கும்.

༄

செயலியின் பெயர்: student Calendar

விளக்கம்: இந்த செயலியின் மூலம் மாணவர்கள் உங்களுக்கான டைம் டேபிள் தயார் செய்து கொள்ளலாம் மற்றும் உங்கள் வீட்டுப் பாடங்களை ரிமெம்பர் செய்து கொள்ளலாம்.

༄

செயலியின் பெயர்: mtestm

விளக்கம்: இந்த செயலியின் மூலம் மாணவர்கள் படித்த பாடங்களை தானாகவே வினாத்தாள் தயார் செய்து அதற்கான விடைகளையும் எழுதி பயிற்சி எடுக்க உதவும்.

༄

செயலியின் பெயர்: **Adobe Scanner**

விளக்கம்: இந்த செயலின் மூலம் கோப்புகளை (file) ஸ்கேன் செய்து pdf ஆக மாற்றி மற்றவர்களுக்கு பகிரலாம்.

செயலியின் பெயர்: **zoom**

விளக்கம்: இந்த செயலியின் மூலம் ஆன்லைன் சந்திப்பு கூட்டங்கள் நடத்த முடியும். இது மாணவர்கள் மற்றும் தொழில் நிறுவனங்களுக்கு பயனுள்ளதாக இருக்கும்.

9
தொழிலுக்குப் பயன்படும் பொதுவான செயலிகள்

- பொதுவாக தொழில் நடத்துபவர்களுக்கு பயன்படும் செயலிகளை பற்றி இதில் பார்க்கலாம்.

<u>தொழில் கடன்களை பராமரிக்க உதவும் செயலிகள்:</u>

செயலியின் பெயர்கள்:
Khata book
Cash book
Ok credit

விளக்கம்: இந்த செயலியின் மூலம் ஒருவர் உங்களுக்கு கொடுக்கும் கடன் அல்லது நீங்கள் அவருக்கு கொடுக்கும் கடன்களை பதிவு செய்து கொள்ள முடியும். இவ்வாறு செய்வதன் மூலம் காகிதத்தில் பதிவு

செய்து வைப்பதை தவிர்க்கலாம். மற்றும் பதிவு செய்து வைப்பதன் மூலம் உங்களுக்கு யாராவது உங்களுக்கு பணம் செலுத்தாமல் இருந்தால் அவர்களுக்கு செலுத்துமாறு எஸ்எம்எஸ் தன்னிச்சையாக போய்ச் சேரும் அவர்கள் அதைப் பார்த்துவிட்டு உங்களிடம் பணத்தை எடுத்துக் கொண்டு வந்து வழங்குவார்கள்.

வருகை பதிவேடு எடுக்க பயன்படும் செயலி:

செயலின் பெயர்கள்:
Ok Staff
Pagar Khata

விளக்கம்: இச்செயலிகளின் மூலம் அட்டனன்ஸ் இனி காகிதத்தில் எடுக்க தேவை இல்லை அதற்கு பதிலாக இதில் எடுத்துக் கொள்ளலாம். இதில் எடுப்பதன் மூலம் தரவுகள் எப்போதும் பாதுகாப்பாக இருக்கும்.

பில் போட பயன்படும் செயலிகள்:

செயலியின் பெயர்கள்:

Bharat Khata
Vyapar
Payo

My Bill Book

விளக்கம்: இந்த செயல்களின் மூலம் உங்கள் கடைகளுக்கு தேவையான பில்களை போட முடியும். அதை அவர்களுக்கு வாட்ஸ்அப் மூலம் அல்லது மற்ற செயலிகளின் மூலம் ஷேர் செய்யவும் முடியும்.

கேட்லாக் உருவாக்க பயன்படும் செயலிகள்:

செயலிகளின் பெயர்:

Bikayi
Micatalogs
Zahomy

விளக்கம்: இச் செயல்களின் மூலம் உங்கள் கடையில் பொருட்களை போட்டோ எடுத்து அதை கேட்லாக் ஆக செய்து வாட்ஸ் அப் குழுக்-களில் ஷேர் செய்யலாம். அவ்வாறு செய்யும் போது யாருக்கு அந்த பொருட்கள் பிடித்திருக்கிறதோ அவர்கள் அதை வாங்கிக் கொள்வார்-கள். இவ்வாறு செய்து எளிதில் உங்கள் பொருட்களை விற்பனை செய்-யலாம்.

10
திறன்களை மேம்படுத்த உதவும் செயலிகள்

<u>பேச்சுத் திறனை மேம்படுத்துவதற்கான பயனுள்ள செயலிகள்</u>

செயலிகளின் பெயர்கள் மற்றும் விவரங்கள்:

Spreaker studio- இந்த செயலியின் மூலம் பகுதி நேர ஆன்லைன் fm உருவாக்கிக் அதனைப் பயன்படுத்தி உங்கள் பேச்சு திறனை அதிகரிக்கலாம்.

Anchor- இந்த செயலியின் மூலம் போட்காஸ்ட் சேனலை உருவாக்கி அதனைப் பயன்படுத்தி அதன் மூலம் உங்கள் பேச்சு திறனை அதிகரிக்கலாம்.

Podbean- இந்த செயலியின் மூலம் போட்காஸ்ட் சேனலை உருவாக்கி அதனை பயன்படுத்தி உங்கள் பேச்சு திறனை அதிகரிக்கலாம்.

Headliner- இந்த செயலியின் மூலம் போட்காஸ்ட் சேனலை உரு-

வாக்கி அதனை பயன்படுத்தி உங்கள் பேச்சு திறனை அதிகரிக்கலாம்.

இந்த செயலிகள் அனைத்தும் உங்கள் பேச்சுத் திறனையும் அதிகரிக்கும் குரல் வளத்தையும் மேம்படுத்தும் உங்கள் ஆர்வத்தையும் அதிகரிக்கும் மற்றும் உங்கள் குரலை பல நபர்களுக்கு பிரபலப்படுத்தும்.

கதை எழுதும் திறனை மேம்படுத்துவதற்கான செயலி:

செயலியின் பெயர்: **pratilipi**

விளக்கம்: இந்த செயலியின் மூலம் நாவல்கள், சிறுகதைகள், தொழில்-நுட்பம் சார்ந்த தகவல்கள் என உங்களுக்குத் தெரிந்த பல தகவல்களை எழுதி கதை எழுதும் திறனை மேம்படுத்திக் கொள்ளலாம். மற்றும் உங்கள் எழுத்துக்கள் மூலம் நீங்கள் இந்த செயலியில் பிரபலமானல் வருவாயும் ஈட்டலாம்.

புகைப்படம் எடுக்கும் திறனை மேம்படுத்த உதவும் செயலி

செயலின் பெயர். **Shutter stock contributer**

விளக்கம். இந்த செயலி புகைப்படம் எடுப்பவர்களுக்கு மிகவும் பயனுள்ளதாக இருக்கும். இந்த செயலியின் மூலம் நீங்கள் எடுக்கும் பலவிதமான புகைப்படங்களை இதில் பதிவேற்றலாம் அந்தப் புகைப்படத்தில் ஏதாவது தவறு இருந்தால் அதை இந்த செயலியே கூறிவிடும். மற்றும் நீங்கள் அந்த தவறுகளை திருத்தி சரியான புகைப்படங்களை எடுத்து பதிவேற்றம் செய்து உங்கள் திறனை மேம்படுத்திக் கொள்ளலாம் வருவாயும் ஈட்டலாம்.

11
விவசாயிகளுக்கான பயனுள்ள செயலிகள்

செயலியின் பெயர்: Uzhavan - உழவன்

விளக்கம்: இது தமிழக அரசின் வேளாண்துறையின் செயலி. இந்த செயலியின் மூலம் விவசாயிகள் தங்களது விவசாயத்திற்கு தேவையான பயிர் காப்பீடு திட்டங்கள், மானிய திட்டங்கள், உரங்கள் இருப்பு நிலை, விதை இருப்பு நிலை, சந்தை விலை நிலவரம், வானிலை முன்னறி-விப்பு, வேளாண் இயந்திரம் வாடகை மையம், வேளாண் அதிகாரியை தொடர்பு கொண்டு பயிர்களுக்கான ஆலோசனை பெறுதல், போன்ற சேவைகளைப் பெறலாம்.

செயலியின் பெயர்: Vivasayam - விவசாயம்: வாங்க விற்க, மாடி

தோட்டம்

விளக்கம்: இந்த செயலியின் மூலம் விவசாயிகள்: தினசரி சந்தை விலை நிலை,
- வாங்க & விற்பனை பகுதி

Rent வாடகைக்கு இயந்திரங்கள்,

குத்தகைக்கு நிலம்
- மொட்டை மாடி தோட்டம்
- வேளாண் கண்காட்சி விவரங்கள்
- வானிலை அறிக்கை
- இயற்கை உரங்கள் தயாரிக்கும் முறை
- கால்நடை மேலாண்மை
- மதிப்பு சேர்க்கப்பட்ட வேளாண் தயாரிப்புகள்
- பண்டைய மற்றும் நவீன விவசாய உபகரணங்கள்

விதைகள் பற்றிய தகவல்

வாரியாக வேளாண் துறையின் முகவரி
- மானியம் மற்றும் கடன்
- கேள்விகள் மற்றும் பதில்கள்
- விவசாயிகளின் கட்டுரைகள் பகுதி
- அக்ரி வீடியோக்கள்

Tips விவசாய உதவிக்குறிப்புகள்

Courses விவசாய படிப்புகள்

Details விவசாய விவரங்கள்
- விவசாய புத்தகங்கள்
- PDF ஸ்டோர்

போன்ற சேவைகளை பெறலாம்.

செயலியின் பெயர்: **Plantix - your crop doctor**

விளக்கம்: இந்த செயலியின் மூலம் விவசாயிகள் தங்கள் வேளாண் பயிர்களின் பிரச்சனைகளை புகைப்படமாக ஸ்கேன் செய்து இந்த செயலியில் பதிவேற்றம் செய்தால் போதும். உடனே அது என்ன நோயினால் ஏற்பட்ட பிரச்சனை, அதற்கான அறிகுறிகள், அந்த பிரச்சினைக்கான தீர்வுக்கு என்ன மருந்து அடிக்க வேண்டும் மற்றும் அருகிலுள்ள விவசாய மருந்துக்கடைகள் பற்றிய அனைத்து தகவல்களையும் உங்களுக்கு அளித்திடும் நீங்கள் அந்த தகவலை பெற்று பயன்பெறலாம்.

12
ஆரோக்கியம் சார்ந்த பயனுள்ள செயலிகள்

செயலியின் பெயர்: Health + Tamil

விளக்கம்: இந்த செயலியில் சித்த மற்றும் இயற்கை மருத்துவ குறிப்புகள், கர்ப்பிணிகள்/குழந்தைகள் மற்றும் பெரியவர்கள் உடல்நலம், ஆண் பெண் உடல் நல குறிப்புகள் மற்றும் 200 க்கு மேற்பட்ட உடல் நலக் குறிப்புகள் போன்றவற்றை பெறுவீர்கள்.

செயலியின் பெயர்: Tamil health tips

விளக்கம்: இந்த செயலியில் உடலில் உள்ள அனைத்து பாகங்களின் பெயர்களும் கொடுக்கப்பட்டிருக்கும் நீங்கள் எந்த பாதத்திற்கான பிரச்-

சனையை காண விரும்புகிறீர்களா அந்தப் பாகத்தை கிளிக் செய்தால் அந்த பாகத்தில் ஏற்படும் பிரச்சினைகள்,அதற்கான தீர்வுகளும் கொடுக்கப்பட்டிருக்கும். அதைப் படித்து நீங்கள் பயன்பெறலாம்.

செயலியின் பெயர்: siddha medicine in Tamil

விளக்கம்: இந்த செயலியில் பொதுவாக ஏற்படும் அனைத்து பிரச்சனைகளும் கொடுக்கப்பட்டு இருக்கும். நீங்கள் எந்த பிரச்சனைக்கான தீர்வை பெற விரும்புகிறீர்களோ அந்தப் பிரச்சனையை கிளிக் செய்யவும். பிறகு அந்த பிரச்சனைக்கான பல தீர்வுகள் பட்டியலாக வரும் உங்களுக்கு எந்த தீர்வு பிடித்திருக்கிறதோ அதை தேர்வு செய்து பயன்படுத்தி பயன்பெறலாம்.

செயலியின் பெயர்: health care tips in Tamil

விளக்கம்: இந்த செயலியில் பருவகால உடல் ஆரோக்கியம் பற்றிய தகவல்கள்,BMI Calculator, உடல் ஆரோக்கியம், உடல்நல புத்தகங்கள் போன்ற தகவல்களை பெறலாம்.

13
பெண்களுக்கான பயனுள்ள செயலிகள்

செயலியின் பெயர்: **magalir mattum**

விளக்கம்: இந்த செயலியின் மூலம் தற்காப்புக் கலைகள், குழந்தை வளர்ப்பு, பெண்களுக்கான சலுகைகள் திட்டங்கள், உடல்நலம், அழகு குறிப்பு, சுய தொழில்கள், விழாக்கால வழிபாடுகள், வீடு பராமரிப்பு, விழிப்புணர்வுகள், காவல் நிலைய முகவரி, வியாபாரிகள், சட்டம், மருத்துவமனை முகவரி, கால் டாக்ஸி எண்கள், உதவி தொலைபேசி எண்கள், கோலங்கள், முகக் கண்ணாடி போன்ற பயனுள்ள சேவைகளை பெறலாம்.

செயலியின் பெயர்: **Self Employment Ideas in Tamil**

விளக்கம்: இந்த செயலி மூலம் பல வகையான சுயதொழில் யோசனை-களை பெறுவீர்கள். அவை உங்கள் வாழ்க்கையை முன்னேற்ற மிகவும் பயன்படும்.

෨

செயலியின் பெயர்:
Kolangal

விளக்கம்: இந்த செயலியின் மூலம் பல அற்புதமான கோலங்களை பெறுவீர்கள். அவற்றை முறையாக பயிற்சி செய்து நீங்களும் பல அற்-புதமான கோலங்களை நிச்சயமாக போடலாம்.

෨

செயலியின் பெயர்: beauty tips in Tamil

விளக்கம்: இந்த செயலியின் மூலம் அனைத்து வித இயற்கை அழகு குறிப்புகளை பெறுவீர்கள்.

෨

செயலியின் பெயர்: kavalan SOS

விளக்கம்: இந்த செயலி பெண்களுக்கான முழு பாதுகாப்பை கொடுக்கிறது. பெண்கள் மற்றும் குழந்தைகள் ஏதாவது பிரச்சனையில் இருக்கும் போது இந்த செயலியில் உள்ள SOS பட்டனை அழுத்தி தமிழ்நாடு காவலர்களை உதவிக்கு அழைக்கலாம்.

☙

செயலியின் பெயர்: samayal Tamil

விளக்கம்: இந்த செயலியின் மூலம் பல விதமான சமையல் குறிப்புகளை பெறலாம்.

☙

செயலியின் பெயர்: Floperiod tracker

விளக்கம்: இந்த செயலியின் மூலம் மாதவிடாய் நாட்களை குறித்து வைத்துக்கொள்ள முடியும். மற்றும் கர்ப்பத்தையும் அறிந்து கொள்ள முடியும். கர்ப்பகால ஆலோசனையும் பெற முடியும்.

☙

14
வீட்டிலிருந்தே பணம் சம்பாதிக்க உதவும் செயலிகள்

பொருட்களை விற்று பணம் சம்பாதிக்க உதவும் செயலிகள்

செயலியின் பெயர்: **Amazon Seller**

விளக்கம்: இது அமேசானின் செயலி. இந்த செயலியின் மூலம் நீங்கள் தயாரிக்கும் பொருட்கள் அல்லது மொத்த விலையில் வாங்கிய பொருட்களை அமேசானில் விற்பனை செய்து வருவாயை ஈட்ட முடியும்.

செயலியின் பெயர்:**Filpcart Seller**

விளக்கம்: இது ஃபிலிப்கார்ட்ன் செயலி. இந்த செயலியின் மூலம் நீங்கள் தயாரிக்கும் பொருட்கள் அல்லது மொத்த விலையில் வாங்கிய பொருட்களை பிளிப்கார்ட்டில் விற்பனை செய்து வருவாயை ஈட்டலாம்.

<u>பொருட்களை மறு விற்பனை செய்து பணம் சம்பாதிக்க உதவும் செய-லிகள்</u>

செயலியின் பெயர்: **meesho**

விளக்கம்: இந்த செயலியில் பொருட்கள் மொத்த விலையில் கிடைக்கும் அவற்றுடன் நீங்கள் கூடுதல் விலையை சேர்த்து உங்கள் நண்பருக்கு பகிர்ந்து அவற்றின் மூலம் சம்பாதிக்கலாம்.

<u>மற்றவர்களுக்கு ரீசார்ஜ் மற்றும் பில் கட்டணங்கள் செலுத்துவதன் மூலம் பணம் சம்பாதிக்க உதவும் செயலி</u>

செயலியின் பெயர்: **epayon**

விளக்கம்: இந்த செயலியில் இலவசமாக பதிவு செய்து மொபைல் ரீசார்ஜ், டிடிஎச் ரீசார்ஜ், மின் கட்டணம் போன்ற பல கட்டணங்களைச் செலுத்தி அதற்கான கமிஷனைப் பெற்று வருவாயை ஈட்டலாம்.

<u>ஆன்லைன் டிஜிட்டல் பறிவர்த்தனை மூலம் வருவாயை ஈட்ட உதவும்</u>

செயலி

செயலியின் பெயர்: **Payworld Retailer**

விளக்கம்: இந்த செயலியின் மூலம் ஒரு சிறிய தொகையை செலுத்தி உங்களுக்கான ஒரு கணக்கை பெற்றுக்கொண்டு அதன்மூலம் பலவிதமான கட்டணங்கள் செலுத்துதல், ஆதார் மூலம் பணம் எடுத்து தருதல் (Aeps), வங்கி கணக்கிற்கு பணம் செலுத்துதல் போன்றவற்றின் மூலம் கமிஷன் பெற்று பணம் சம்பாதிக்க முடியும்.

15
பயனுள்ள பொழுதுபோக்கு செயலிகள்

செயலியின் பெயர்: **bored in the house - fun activities**

விளக்கம்: இந்த செயலியில் வீடு புகைப்படம் கொடுக்கப்பட்டிருக்கும். அதை தேய்த்தால் உங்களுக்கான பயனுள்ள மற்றும் வேடிக்கையான செயல்முறை கொடுக்கப்பட்டிருக்கும் அவற்றை செய்து பொழுதுபோக்கை பயனுள்ளதாக கழிக்கலாம்.

செயலியின் பெயர்: **things to do home to conquer boredom - useful app**

விளக்கம்: இந்த செயலியின் மூலம் எப்படியெல்லாம் இலவச நேரங்-களை பயன்படுத்தலாம் என்ற பயனுள்ள ஆலோசனைகள் கிடைக்கும்.

செயலியின் பெயர்:free tamil ebooks(அல்லது)
இணையதளம்: www.freetamilebooks.com

விளக்கம்: இந்த செயலியின் மூலம் பல பயனுள்ள புத்தகங்களை படித்து பொழுது போக்கு நேரத்தை இனிமையாக பயன்படுத்தலாம்.

16
பயனுள்ள பிற செயலிகள்

செயலியின் பெயர்: Bit.ly

விளக்கம்: இந்த செயலி மூலம் மிக நீளமான URL சிறியதாக சுருக்கி கொள்ள உதவும்.

༄

செயலியின் பெயர்: dolby on

விளக்கம்: இந்த செயலியின் மூலம் அதிக சத்தம் கொண்ட மற்றும் இரைச்சல் இல்லாத ஆடியோக்களை ரெக்கார்ட் செய்ய முடியும்.

༄

செயலியின் பெயர்: playit

விளக்கம்: இணையத்தில் பார்க்கும் அனைத்து வீடியோக்களையும் டவுன்லோட் செய்வதற்கான சிறந்த செயலி.

ೂ

செயலியின் பெயர்: eye protecter

விளக்கம்: இந்த செயலியின் மூலம் மொபைல் பயன்படுத்துவதனால் கண்ணுக்கு ஏற்படும் பாதிப்பை குறைக்கலாம்.

ೂ

செயலியின் பெயர்: Google drive
Dropbox

விளக்கம்: இந்த இரு செயலிகளை பயன்படுத்தி உங்கள் முக்கியமான கோப்புகளை (file) கூகுள் கணக்கின் மூலம் சேமித்து வைத்துக் கொள்-ளலாம்.

ೂ

செயலியின் பெயர்: Ever note

விளக்கம்: இந்த செயலியின் மூலம் முக்கியமான குறிப்புகளை சேமித்து வைத்துக் கொள்ளலாம்.

ೂ

செயலியின் பெயர்: sms organiser

விளக்கம்: இந்த செயலியின் மூலம் உங்களுக்கு வரும் sms எந்த வகையைச் சார்ந்ததோ அந்த வகைக்கான பட்டியலில் smsகள் இடம்-

பெறும். நீங்கள் அந்தப் பட்டியலில் சென்று அவற்றை படித்துக்கொள்-ளலாம். இந்த செயலியின் மூலம் பிரமோஷன் sms களையும், தனிநபர் sms களையும், எளிதில் கண்டுபிடிக்க முடியும்.

செயலியின் பெயர்: **mparivahan**

விளக்கம்: இந்த செயலியின் மூலம் எந்த ஒரு வாகனத்தின் உரிமையா-ளரின் தகவல்களையும் தெரிந்து கொள்ளலாம். மற்றும் ஓட்டுனர் உரிமம் பதிவிறக்கம் செய்து கொள்ளலாம்.

செயலியின் பெயர்: **wordpress**

விளக்கம்: இந்த செயலியின் மூலம் இலவச இணையதள முகவரியை உருவாக்கிக் கொள்ளலாம்.

செயலியின் பெயர்: **friends2support.org**

விளக்கம்: இந்த செயலி ரத்த தானம் தேவைப்படுபவர்களுக்கு எளிதில் ரத்தம் கிடைக்க பெற உதவும். இந்த செயலியில் ரத்த தானம் கொடுக்க விருப்பம் உள்ள அனைத்து நபர்களின் தொடர்பு எண்ணும் இருக்கும். உங்களுக்கு எந்த மாவட்டத்தில் உள்ள நபருக்கு ரத்ததானம் தேவைப்-படுகிறதோ அந்த மாவட்டத்தில் உள்ள நன்கொடையாளர்கள் தொடர்-புகொண்டு ரத்த தானத்தை பெறலாம்.

www.ingramcontent.com/pod-product-compliance
Lightning Source LLC
Chambersburg PA
CBHW070849220526
45466CB00005B/1942
* 9 7 8 1 6 8 5 0 9 1 5 8 3 *